中国科学院物理专家 周士兵 编写
星蔚时代 编绘

中信出版集团 | 北京

图书在版编目（CIP）数据

看到与听到的世界：光和声 / 周士兵编写；星蔚时代编绘 . -- 北京：中信出版社，2024.1（2024.8重印）
（哈！看得见的物理）
ISBN 978-7-5217-5797-2

Ⅰ . ①看… Ⅱ . ①周… ②星… Ⅲ . ①光学 – 少儿读物②声学 – 少儿读物 Ⅳ . ① O43-49 ② O42-49

中国国家版本馆 CIP 数据核字 (2023) 第 114408 号

看到与听到的世界：光和声
（哈！看得见的物理）

编　　写：周士兵
编　　绘：星蔚时代
出版发行：中信出版集团股份有限公司
（北京市朝阳区东三环北路27号嘉铭中心　邮编　100020）
承 印 者：北京启航东方印刷有限公司

开　　本：889mm × 1194mm 1/16　　印　　张：3　　字　　数：150千字
版　　次：2024年1月第1版　　印　　次：2024年8月第3次印刷
书　　号：ISBN 978-7-5217-5797-2
定　　价：120.00元（全5册）

出　　品：中信儿童书店
图书策划：喜阅童书
策划编辑：朱启铭 由蕾 史曼菲
责任编辑：房阳
特约编辑：范丹青
特约设计：张迪
插画绘制：周群诗 玄子 皮雪琦 杨利清
营　　销：中信童书营销中心
装帧设计：佟坤

目录

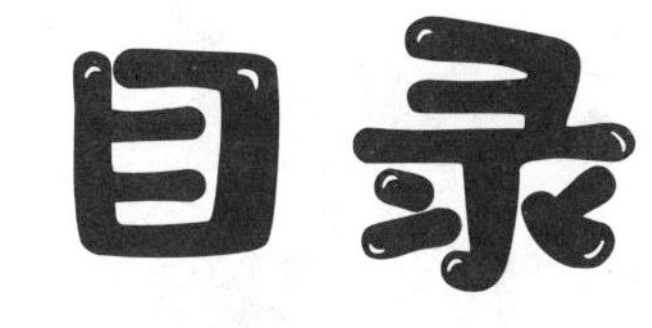

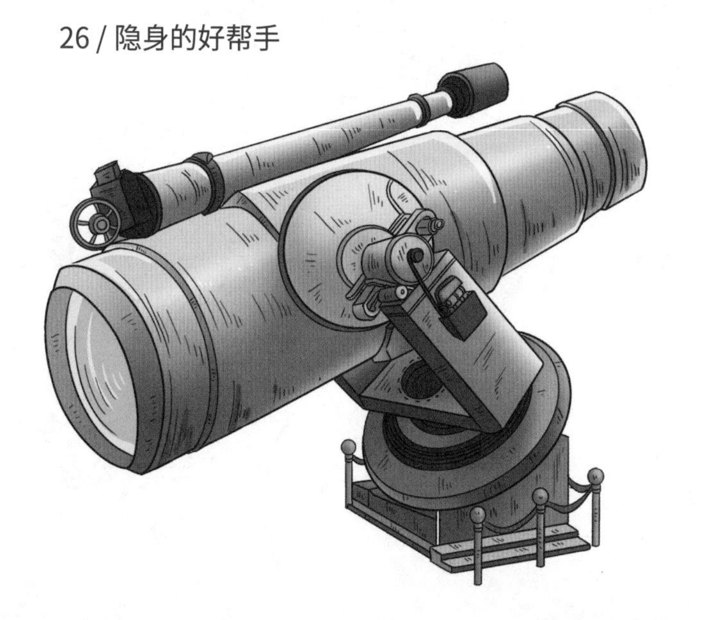

光

每天清晨，当第一缕阳光照进房间，新的一天便开始了，光可以说是自然界中与我们最息息相关的事物了。不过，你知道吗，人类直到最近的几百年才真正了解光是什么。光不仅仅能为人们照明，它还呈现了我们眼中的世界，更是地球上万物的能量来源。光是如何拥有这么多本领的？我们一起去认识一下这位熟悉又陌生的朋友吧。

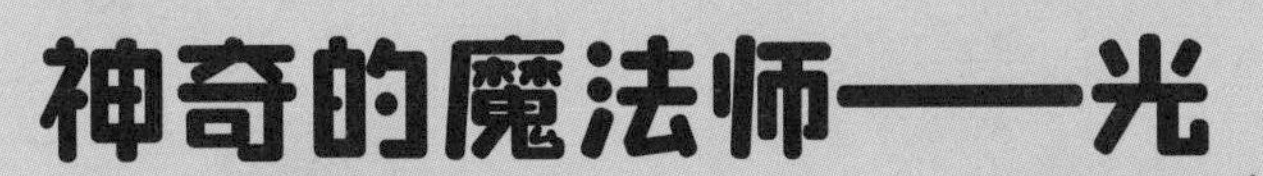
神奇的魔法师——光

神奇的魔法师——光

停电了，屋里黑漆漆的，想看会儿书都不行……
嘿，你好呀！
你是谁？
我是世界上最厉害的魔法师。
我可以让你看到一切东西。
是吗？那你可以让我看到书上的字吗？
当然了，这还不简单，看本魔法师的厉害！
真的变亮了呀！好神奇！
魔法师，我还想要好多好多的零食，你可以帮我实现吗？
啊……这……实话告诉你吧，其实我是光，不是魔法师。所以我可以把屋子照亮，但变不出零食……
原来是这样啊。

我们“光家族”可大了呢，成员可以分为自然光和人造光两大类。
你看，自然界中的太阳、萤火虫以及一些会发光的水母，它们发出的光都是自然光。
而房间里的电灯、蜡烛以及绚烂的烟花，它们发出的光是人造光。
无论哪种光都能点亮我的生活。如果现在不停电就更好了。
你家停电可能是发电输电过程出故障了，也可能是例行检修，总之原因太多了，得需要专业技术人员处理。

长信宫灯1968年出土于中国河北省，被誉为“中华第一灯”，比外国的同类灯早了1000多年。

你知道“囊萤夜读”的故事吗？晋朝人车胤好学，但家中常点不起油灯，于是夏天时他就捉了许多萤火虫放在袋子里，借助萤火虫发出的光读书。

哇，是我孤陋寡闻了。那电灯呢？

与光一起玩“捉迷藏”

藏好了吗?
等一下。
哈哈,看到你了。
再玩一次。
一眼就看到了,在那里。
再给我一次机会……
你怎么总能找到我?
因为你总是站在阳光下,太明显了。
这还和阳光有关系?
当然,有光我们才能看到东西。
比如我们可以看到太阳,是因为太阳在发光。
你能看到其他人或物是因为他们反射了光到你的眼睛中。
当然,我们还可以看到人造的发光物体。
其实我们玩捉迷藏,也可以说是在与光捉迷藏。你只要让你身上反射的光不传到我的眼睛里就好了。
那要怎么做?
你看这些光束,它们是沿直线传播的,当光被挡住后,光到达不了的地方就会变暗。

原来如此。
所以，只要用东西遮住你，就可以把照在你身上的光挡开，这样没有光线从你身上传到我眼中，我就看不到你了。
不过光想要走直线也是需要条件的。
那又是怎么回事？
光可以穿过透明的物体，比如空气、水、玻璃，它们是光的介质，只有它们是均匀的，光线才可以在里面沿直线传播，像这样。
对了，只要有光，立刻就能照到我，那光到底有多快呢？
光的速度可快了，你觉得高铁和飞机已经很快了吧，在光面前，它们慢得仿佛静止一样。
飞机速度约 270 m/s
光速可达 3×10^8 m/s
高铁速度约 70~100 m/s
起
你知道孙悟空的速度多快吗？
一个筋斗云，能翻十万八千里，难道光比齐天大圣还快？
那是当然，十万八千里，也就是 5.4×10^7m，就算一个筋斗只需要 1 秒……
齐天大圣需要再快 5 倍多才能追上我。
我 1 秒就可以绕地球赤道飞七圈半。
太厉害了！简直不可思议！

光的奇妙应用大揭秘

夜晚，各式各样的光源照亮了我们的世界。因为有光，我们能看到身边的美景。在了解了光的一些性质后，你会发现光有很多巧妙的应用。

光年

宇宙中我们看到的星星离我们都很远，为了衡量我们与这些遥不可及星星的距离，科学家发明了光年这一单位，它表示光传播一年所走的距离。你知道吗，除了太阳，离我们最近的恒星，也有4.2光年远。我们现在看到的其实是它在4.2年前发出的光。

星星

太阳及我们看到的绝大多数星星都是恒星，恒星都能自己发光。

萤火虫

萤火虫发光是因为它们腹部有一个发光器，发光器里有大量发光细胞，发光细胞中的荧光素和氧气反应，激发出光子，形成我们能看到的亮光。

汽车车灯

汽车前灯射出来的光束是直的。因为光沿直线传播，我们可以调整车灯的光束的角度，让近光时照向地面，不晃眼。

激光测距仪

因为光沿直线传播，所以可以用来测算距离。利用激光发射和反射回来所用的时间乘速度就能计算距离。

皮影戏

又叫“影子戏”，用兽皮、硬纸板制成人物剪影，表演时，艺人在白色幕布后操纵戏曲人物的剪影表演故事，实际上，人们在台前看到的是人偶在灯下的影子。

隧道

开凿隧道时，为了保证隧道方向没有误差，人们用激光引导挖掘机沿直线前进。

五颜六色的霓虹灯

在高压电场下，充入玻璃管的惰性气体放电发光，气体不同，发出的光的颜色也不同。

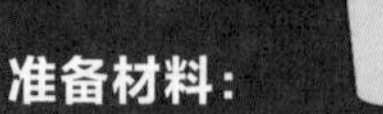

纸杯投影仪

准备材料：

纸杯　剪刀　胶带　画笔　手电筒

实验步骤：

1. 用剪刀把纸杯底部剪掉。剪的时候要注意安全。
2. 用胶带把整个纸杯底部再封起来。
3. 在胶带上画上自己喜欢的图案，比如熊猫、小房子、花朵等。

4. 在一个黑暗的房间里，把手电筒打开。

5. 把手电筒的光打在纸杯口，你就在墙上看到图案了。

原理：

因为光沿直线传播，所以可以将绘制在胶带上的图案投射到墙壁上。

电影院的投影仪

如果你看过用胶片放映机放映的影片，就会发现放映机射向银幕的光也是直的。电影放映机放映电影的原理与“纸杯投影仪”类似。

影子

影子的形成原理是光在传播过程中，遇到不透明的物体，在物体后面产生黑影。

排队

如果想要队列是直线，那么队列中后面的人应该只能看到前面的人的后脑勺。因为只有把队列排直，我们的视线才会被前一个人完全挡住。

见与不见——光的反射说了算

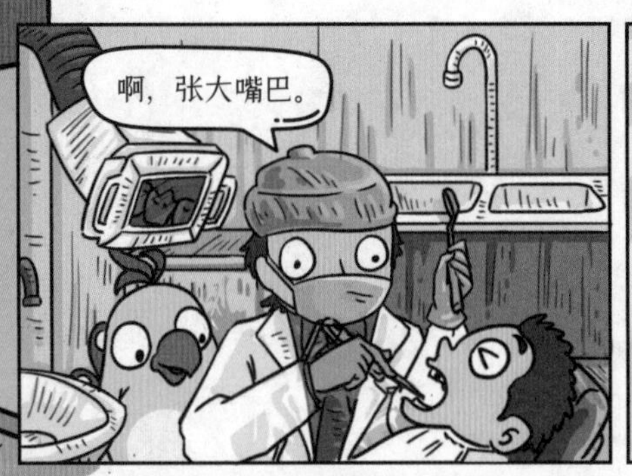

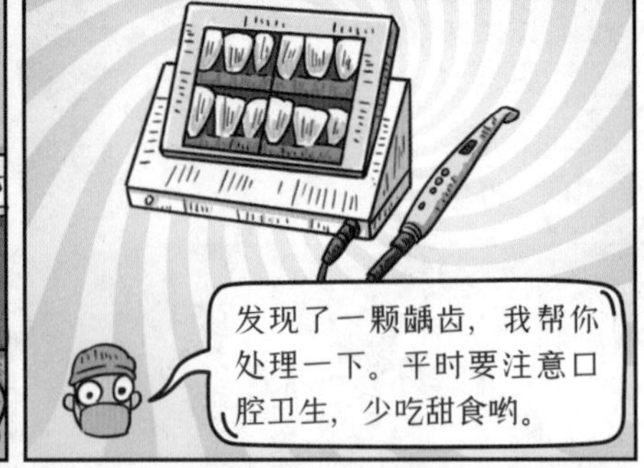

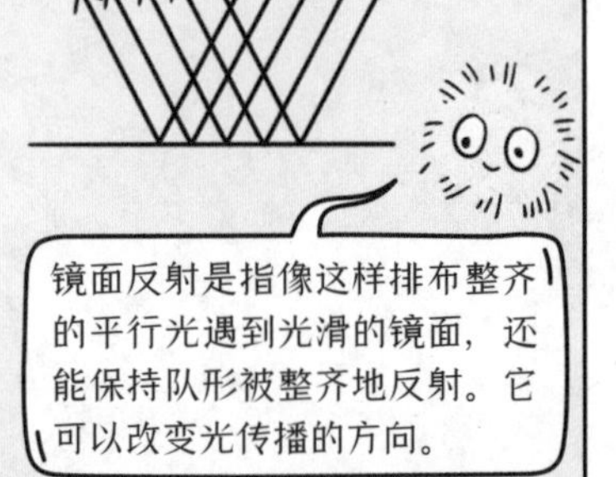

在入射光线和反射光线中间画一条与镜面垂直的线，我们称它为法线。入射光线和反射光线会非常规矩地待在法线两侧，入射角和反射角相等，这就是光的反射定律。

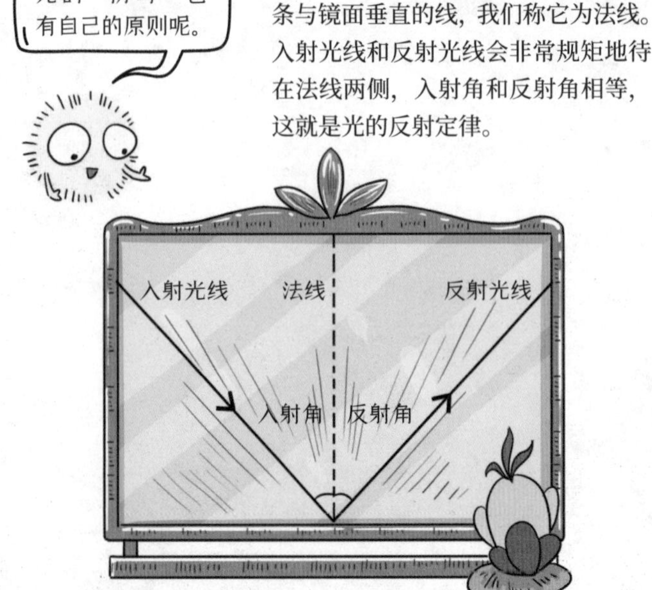

如果我们把反射过来的光线照射回去，它还会沿着反射时一样的路线返回去。
这就可以解释为什么两人在一面平面镜前可以相互看到对方。
我明白了，也就是我看到了你的光线所走的路，你看到了我的光线所走的路。

嘿，我想到一个可以利用光的反射的方法。

最近我想观察昆虫，但昆虫肚子不好看到，现在我也可以用平面镜制作个“肚窥镜”。
昆虫
玻璃
平面镜
昆虫的像
太妙了，照到昆虫腹部的光经平面镜反射后进入你的眼睛，你一眼就能看到昆虫的腹部了。

不过物体不都像镜子一样光滑吧，照到其他物体上的光怎么样了呢？
有的光会被反射，有的还可能被吸收。

除了光滑的镜面，大多数物体都会吸收一部分光，同时也会反射一部分光，比如这张纸。

凹凸不平的物体会把整齐的平行光反射得乱七八糟，朝向各个方向。这种反射叫漫反射。有了漫反射，我们才能从各个角度看到物体。

纸看起来很光滑呀，为什么没有发生镜面反射呢？
哈哈哈，纸看上去是很平，但仔细观察你会发现它的表面其实是凹凸不平的，还没有达到镜面的程度。

生活中有不少呢，快去找找吧。
光的反射太有趣了，我要看看还有哪些东西能反射光。

光反射的探索与应用

月亮发光秘密

月亮是地球的卫星，不是恒星，本身不发光。那为什么晚上的月亮看起来亮亮的呢？这是因为月亮反射了太阳光，所以我们平时所说的月光，本质其实是太阳光。

自行车车灯结构的反光效果

自行车车尾灯结构

自行车尾灯，大多是表面平整，里面有许多凸起的直角锥体，颜色为红色的塑料体。

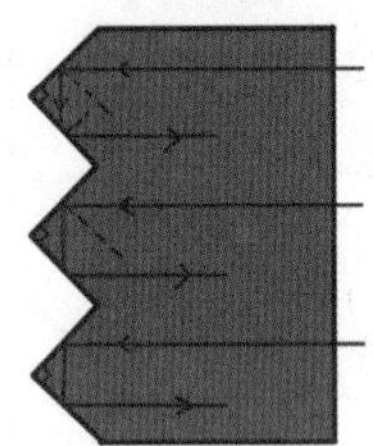

自行车尾灯的反光原理

当后面车灯的平行光入射到自行车尾灯中时，根据光的反射定律，入射光线经过两次反射会与原入射光线平行着反射出来，这样就让自行车尾灯看起来像在发光。

湖中的月亮

你听过“猴子捞月”的故事吗？讲的是猴子想要捞起水中倒映的月亮。水中的月亮就来自湖水对光的反射。湖水的镜面反射将月亮的光传入猴子的眼中。

潜望镜

潜望镜是潜艇中人员在海面的“眼睛”，潜艇进入水面下后，艇内人员可以通过潜望镜来观察水面上的情况。

潜望镜中有两个反射镜，物体反射的光进潜望镜里会经过两次反射到达人眼。这样就可以通过它在水下观察水下景物了。

手电筒中应用了光的反射才让灯泡的光线都照向前方。

巧用光的反射，人们就可以控制光的走向啦。

公路两旁的各种交通标志

道路交通标志会形象、简练地向路人展示当前道路需遵守的法规及相关道路信息，它的制作材质主要是基板和固定在基板上的反光膜。尤其是夜间，汽车车灯照射在这些标志上后会直接逆向反射回来，非常醒目，目的是提醒司机注意标志信息。

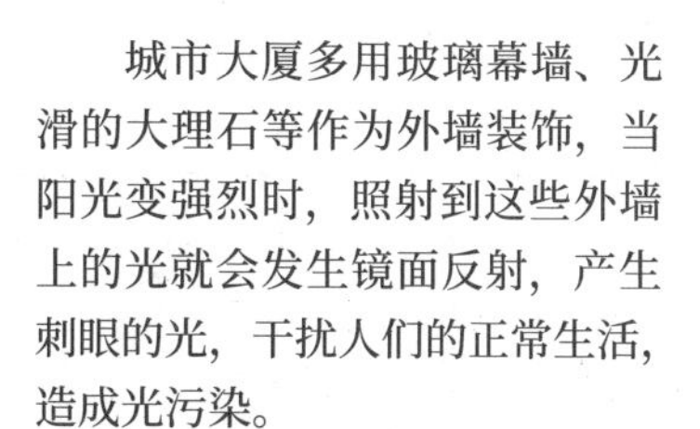

城市大厦多用玻璃幕墙、光滑的大理石等作为外墙装饰，当阳光变强烈时，照射到这些外墙上的光就会发生镜面反射，产生刺眼的光，干扰人们的正常生活，造成光污染。

汽车后视镜的原理

汽车后视镜不是平面镜，而是略凸，这样可以让驾驶员看到更广的范围。

烦人的黑板反光

有的黑板表面太过光滑，当强烈的光射过来时，会发生镜面反射，坐在反射光线方向的学生就会因为光线太过晃眼而看不清黑板上的字。

小实验

“流光如水”

我们了解到的光的反射中光线都是直直的，可这些直直的光线在一定条件下还能像水一样被“倒”出来。一起来操作吧！

①在塑料瓶中装约 3/4 的水，盖好盖子。

②再将塑料瓶横过来，请父母帮忙在瓶子高度 1/2 处扎一个小孔。

③将瓶子再竖起来，瓶子会射出细水流，用盘子接着水。

④请父母用激光灯从孔的对侧照射出水孔，会发现光随着水流到了盘子里。

原理：

光是沿直线传播的，但把光和水放在一起，光就会随水流不定向地反射，因此我们看到光就不再沿直线传播了，而是沿着水流方向做曲线运动。

神奇的折射光

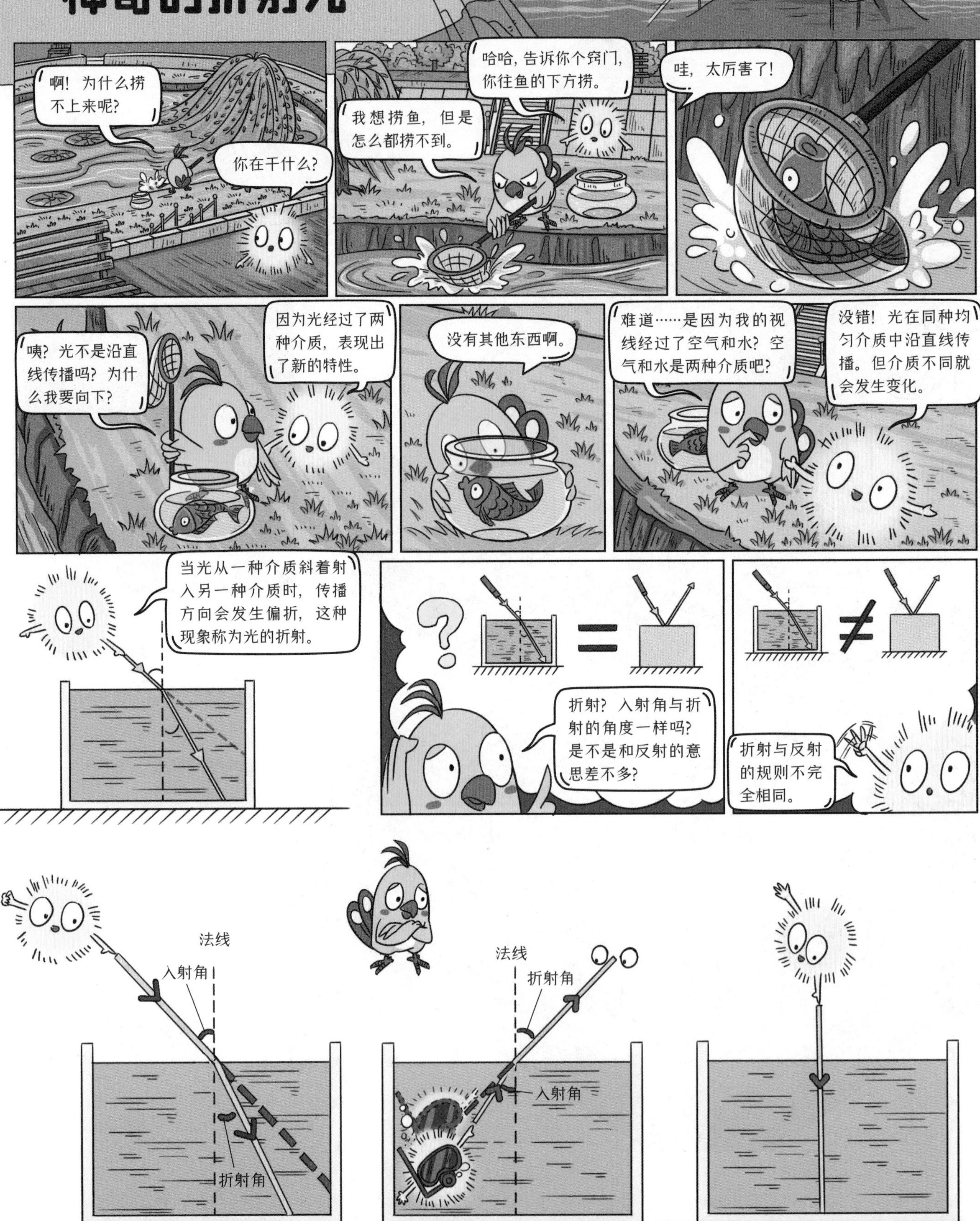

当光从空气射入如水、玻璃这种会让光速变慢的介质中时，折射的光线会向法线偏折。

如果反过来，光线从水向空气中射入，光线就会向远离法线的角度偏折。

值得注意的是，光从一种介质垂直射入另一种介质中时，传播方向不变。

那光不发生反射了吗?
有反射呀。
光从一种介质进入另一种介质时，一部分光穿过两介质中间界面进入另一介质，光线会发生偏折，即折射现象，还有一部分光会被界面反射在原介质中传播。
入射光线
反射光线
折射光线
折射和反射真神奇!
鱼塘里抓不到鱼，是因为折射在作怪，让视线出现了偏差。
我懂了，从眼睛方向经过的光，如果进入水后的折射光线不偏折，我就朝着看到的鱼的方向捞就行。
但它偏折了，所以我得朝着看到鱼的位置的下方捞。
哇！真厉害!
我成功啦!
看来你学会啦，那我出个小问题考考你吧。
碗底放一枚硬币，不可以移动碗和硬币，你能从碗的侧面看到硬币是多大面值的吗?
可以借助其他工具吗?
当然可以。
我要往里倒水!
哈哈，你确实懂得光的折射了。
是五角钱!
没错，你已经出师了，以后用这个问题考考其他小伙伴吧。
哈哈，应用折射，我可以把碗底的硬币“抬”起来。
硬币的像
硬币

会“骗人”的光

有一句话叫“眼见为实”，说的是我们总认为用眼睛看到的东西是事实。但因为我们的眼睛是通过光看到物体的，所以我们眼中看到的东西都是光呈现给我们的物体的像。所以如果有时光“调皮”一下，给我们看一些经过折射的像，就会让我们困惑不已。在了解了光的折射原理后，这些光和我们开的“玩笑”，你还会轻易相信吗？

物体的像
物体
空气
水

捕鱼船和人

有经验的捕鱼人都知道，捕鱼的时候看见鱼不能朝鱼瞄准，只有瞄准鱼的下方才能叉到鱼，这是因为光的折射现象。

章鱼

章鱼的皮肤里存在一种特殊的细胞，位于色素细胞的下方，它们形成了一个完整的棱镜和反射镜系统，其中包含大量明亮的部分，能够折射和反射光线，使章鱼的皮肤呈现出五颜六色的效果。

池塘的水很浅吗？

由水底反射出的光线从水中斜射进入空气中时，发生折射现象，人逆着折射后的光线看过去，就好像水变浅了。所以，即使你看到水比较浅，也千万不要贸然下水，以免错估水的深度，发生危险。

海市蜃楼现象

海市蜃楼多发生在夏季的海面上，夏天天气热，海水却是凉的，海面附近的空气比上方温度要低，空气会热胀冷缩，因此上边的空气比靠近海面的空气稀薄，来自远处物体的光的一部分射向空中，由于不同高度空气的疏密不同而发生弯曲，逐渐弯向地面，进入我们的视线，观察者逆着光望去，就在天空中看见了远处的物体。

海面上的海市蜃楼

站在水里的小女孩腿“变短了”
在岸上的人看到小女孩的腿变短了，实际上是经过脚反射的光线，从水中射到空气后发生偏折，这样沙滩上的人看到的脚的位置比实际升高了，所以，进入水中后，腿仿佛变短了。
水里看树，树参天
因为光的折射，在水中看岸上的植物，会感觉植物变高了许多。
不对，中午时候热，越近才会越热，应该是中午离得近。
太阳早上刚出来的时候大，所以早上离咱们近。
两小儿辩日，谁说的对？
人们看到太阳大小不同，是因为光的折射。地球外面有很厚的大气层，早上阳光斜着穿过大气层，折射幅度相当大，所以太阳看起来会很大；中午，随着太阳不断升高，折射幅度逐渐减小，人们看到的太阳最小；下午，太阳高度又在不断减小，所以看起来太阳又会变大。其实太阳的大小没变化，两小儿说的都不对。
云在水中飘，鱼在云上游
水里的鱼的反射光线从水中射到空气中发生折射，折射角大于入射角，折射光线进入人眼，人眼会逆着折射光线的方向看去，就会觉得鱼变高了。
平行的水面相当于一个平面镜，当光照射到水面时会发生反射，所以看见云在水中飘，鱼在云上游。
杯子＋吸管
玻璃杯中的吸管，由于吸管的反射光线从水中斜射进空气时，光线向偏离法线方向偏折，所以看到吸管在水中部分向上弯折，此时看到的是吸管的虚像。

眼睛是如何看清东西的

要想知道眼睛出了什么问题，你首先得知道自己是怎么看到东西的。你看这就是人类的眼球。

虹膜
可以调节瞳孔的大小，控制光进入眼睛的量。

瞳孔
光进入眼睛的入口。

角膜

晶状体

玻璃体
眼球内的胶状物。

视网膜
眼睛的感光部分。

视神经

透明的角膜、晶状体和玻璃体组成一个完整的折光系统，从物体发射或反射的光进入眼睛，就会在眼中发生折射。

折射后的光线会让物体呈现的像落在视网膜上，视神经细胞受到光的刺激，传信号给大脑，我们就看到了物体。

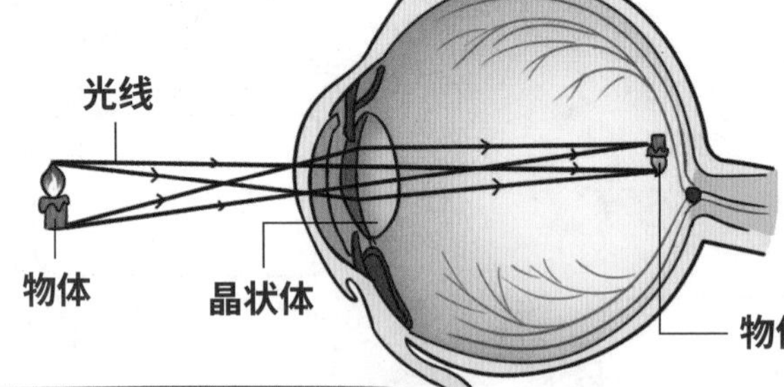

哇，眼睛是怎么做到的？

靠晶状体调节。

近处物体

当眼球肌肉收缩时，晶状体会变厚，对光的折射能力变强，近处物体射来的光聚在视网膜上，我们就可以看清近处的物体。

远处物体

当眼球肌肉放松时，晶状体变薄，对光的折射能力变弱，远处物体射来的光聚在视网膜上，我们就可以看清远处的物体。

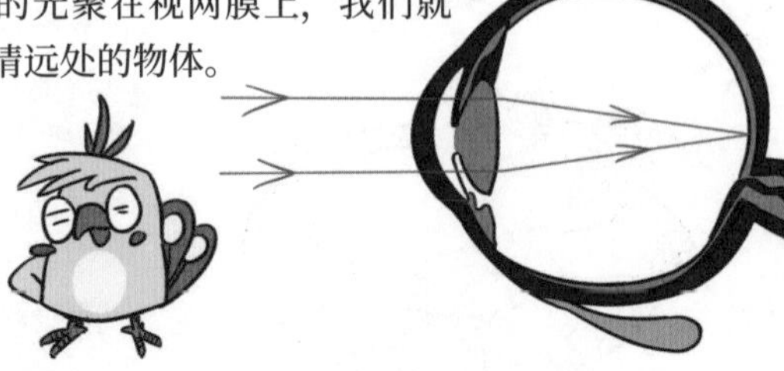

如果你的眼睛可以准确将物体的像投到视网膜上，你的视力就是正常的，可以看清东西。
那我应该怎么判断呢？
一般情况下，视力能达到1.0，你能看清这行，就是正常的。
看不清1.0的那行呢。
那你很可能已经是轻度近视了。
近视？就是看东西要离近了看吗？
可以这样理解。严重的话，稍微远一点的东西就会看不清。
为什么会看不清了呢？
是因为眼球无法正常让折射的像落在视网膜上。
近视是物体的成像位置落在视网膜之前，导致视觉模糊。
与近视相对的，还有远视，物体的成像位置在视网膜之后，导致视觉模糊。
那我们应该怎么办呢，这样眼睛就一直看不清东西了吗？
我们可以通过佩戴眼镜来帮眼睛调整光线折射，来看清物体，就像这样。
眼镜镜片
眼镜的镜片是一种透镜，不同透镜对光线的折射作用不同。
凸透镜对光线有会聚作用，又称为会聚透镜。
凹透镜对光线有发散作用，又称为发散透镜。
不过你这有可能只是假性近视，先去医院看看，也许不需要戴眼镜，只要调整生活习惯就行。
唉，我去看看吧，以后再也不长时间看电视了。

透镜里的新世界

近视眼镜和远视眼镜分别是凹透镜和凸透镜，其实就相当于我们说的缩小镜和放大镜，这两种透镜可不得了，可以让你上知天文下知地理，还能制造成照相机，留住美好记忆。如果你也好奇，那就快走进透镜里的新世界吧。

幻灯机和投影仪

这两种仪器是将幻灯片或投影片上的图像，通过凸透镜在屏幕上形成一个放大的像，以供多人观看。

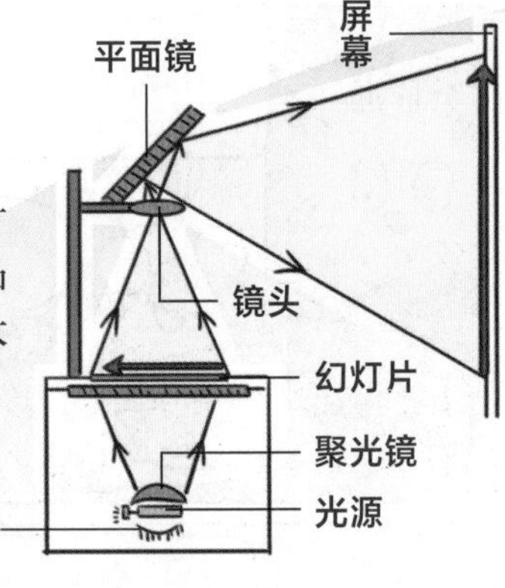

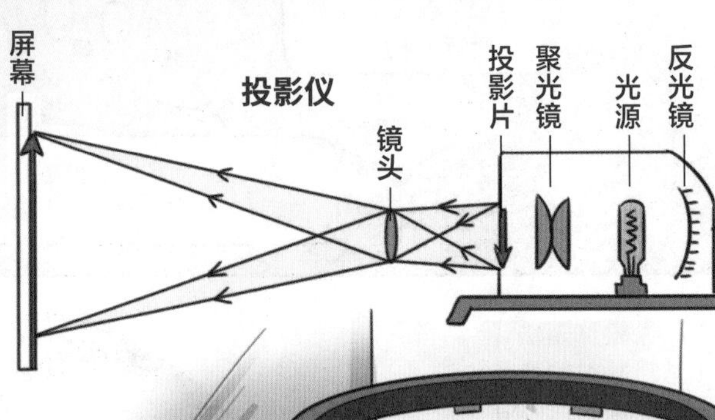

光学显微镜

光学显微镜是由一个或者多个透镜组合构成的光学仪器，用于把微小物体放大成人肉眼可以观察的程度。

目镜
是靠近眼睛的凸透镜。

物镜
是靠近被观察物体的凸透镜。

反光镜
一般有两个反射面，分别是平面镜和凹面镜，平面镜在光线较强时用来反射被观察物体，凹面镜在光线较弱时用来会聚光线。

载玻片
载玻片是用显微镜观察物体时放置观察物的玻璃片或者石英片。

显微镜下的微生物世界

照相机

我们眼睛看到的美景转瞬即逝，但照相机可以帮助人们留住精彩的瞬间。

反光镜
单反相机之所以被称为“单反”，就是因为它里面有反光镜的存在。这里的反光镜是用来取景的。

镜头
镜头是照相机的眼睛，它的作用是将要拍的景物清晰地反映到成像装置上，由镜片和镜筒组成，相当于一个凸透镜，对应眼睛里的晶状体。

图像感应器
将镜头上接收到的光学图像转换成电子图像。

影像处理器
相机处理照片和存储的装置。

人眼睛视物和照相机成像原理相同，见下图：

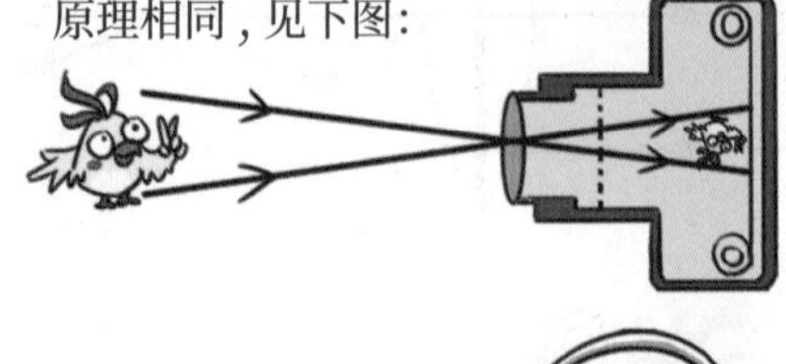

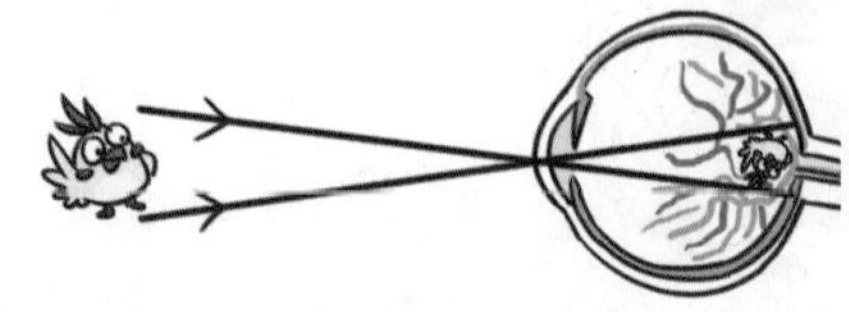

哈勃空间望远镜

在太空中的哈勃空间望远镜由两部分组成，一部分是光学望远镜，另一部分是卫星，它绕地球旋转工作。因为在太空中不受大气层的影响，它可以拍摄非常清晰的照片，再传输回地球。

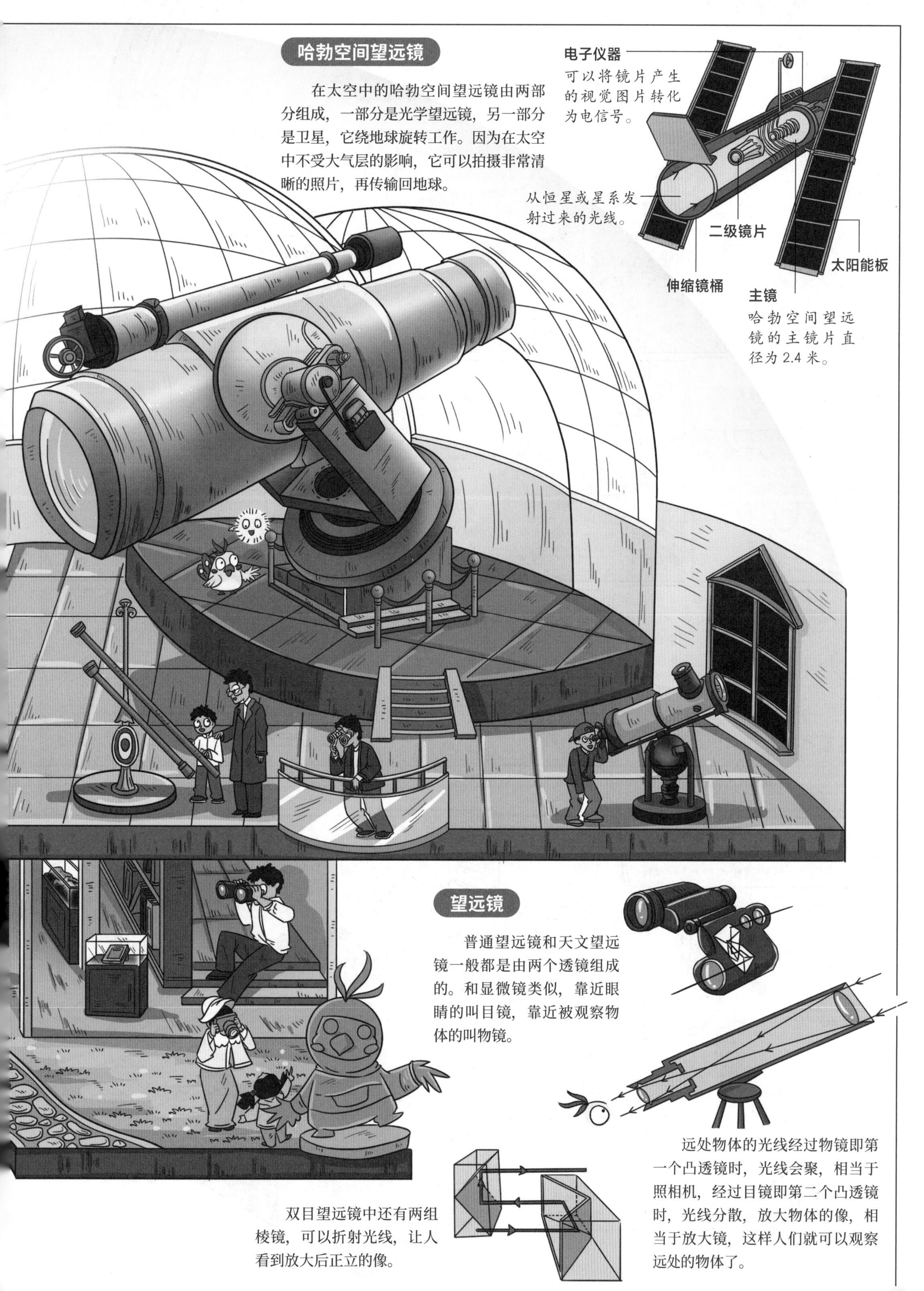

望远镜

普通望远镜和天文望远镜一般都是由两个透镜组成的。和显微镜类似，靠近眼睛的叫目镜，靠近被观察物体的叫物镜。

远处物体的光线经过物镜即第一个凸透镜时，光线会聚，相当于照相机，经过目镜即第二个凸透镜时，光线分散，放大物体的像，相当于放大镜，这样人们就可以观察远处的物体了。

双目望远镜中还有两组棱镜，可以折射光线，让人看到放大后正立的像。

光下的七彩世界

你在看什么?
昨天下过一场雨，雨停后，那边有好大一道彩虹。
我还数了，有红、橙、黄、绿、蓝、靛、紫七种颜色呢。
可惜，今天看不到了。
那有何难，你忘记我是谁了吗?拉上窗帘。
真的是彩虹!
可不是染色，光里面本来就有这么多颜色，只不过平时它们都混在一起了。
你把你的光染色了吗?
那么多颜色光混在一起，大家都还以为我一直是白光。
17世纪以前，人们一直认为白色就是最单纯的颜色，光是白色的。
早上好，光，今天也很白净呢。
直到1666年，英国物理学家牛顿用三棱镜发现了光的秘密——光的色散，大家才发现太阳光（白光）是复合光，而红光、绿光等才是单色光。
这就是三棱镜，光束经过三棱镜后，被分解成红、橙、黄、绿、蓝、靛、紫等多种色光，这种现象叫作光的色散。
不同折射角度，决定不同颜色的光的位置。
光的色散也是光的折射现象，因为各种颜色的光折射的角度不同，所以白光经过三棱镜后，各种颜色的光会分散排列。
太阳光中的红光偏折最小，紫光的偏折最大，所以散出的颜色一头是红，一头是紫。

在自然界中，红、绿、蓝三种颜色的光是没有办法用其他颜色混合成的，但其他颜色的则可以由它们混合成，因此它们三个才被称为光的“三原色”。

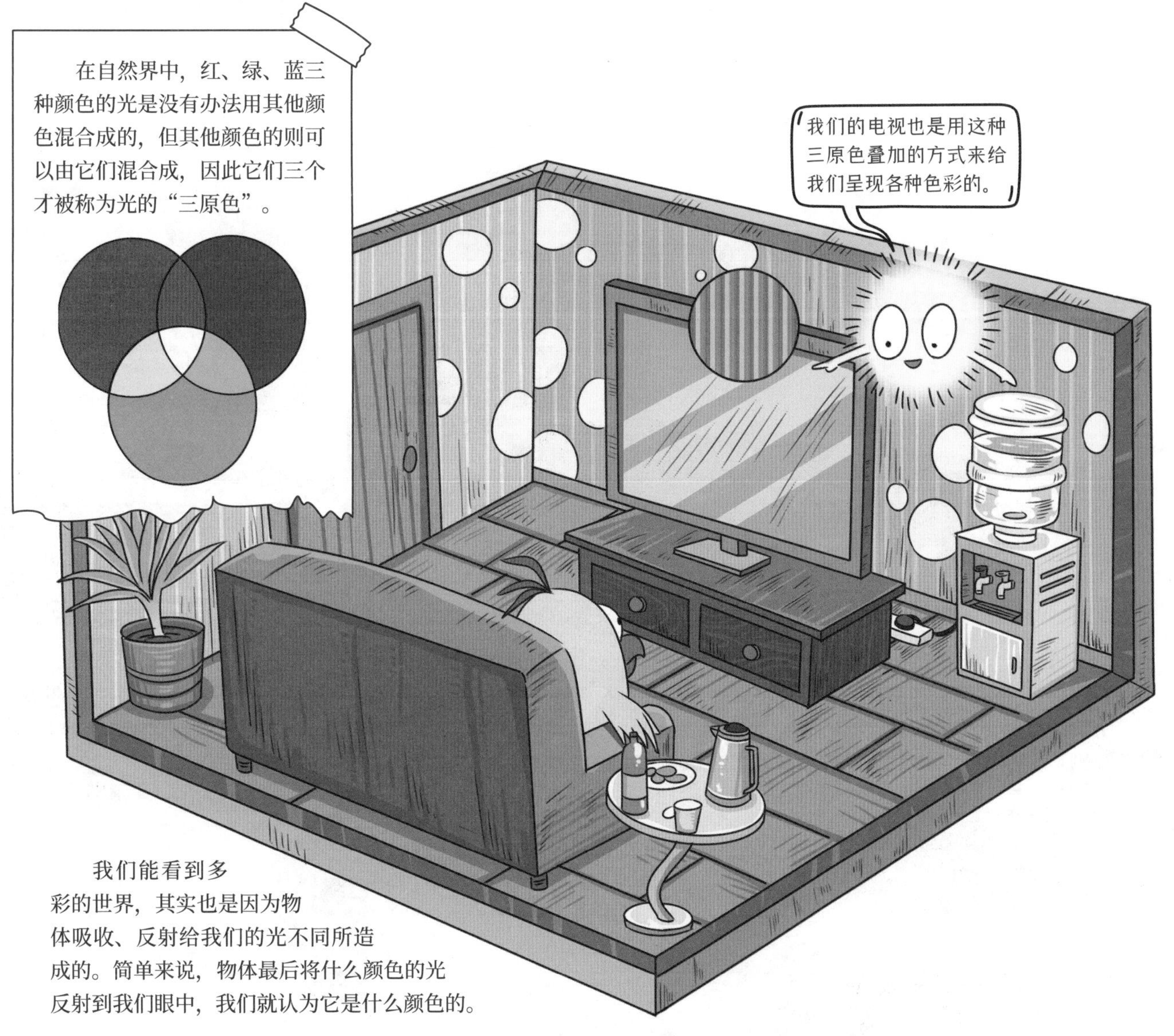

我们能看到多彩的世界，其实也是因为物体吸收、反射给我们的光不同所造成的。简单来说，物体最后将什么颜色的光反射到我们眼中，我们就认为它是什么颜色的。

光呈现的美丽万物

彩虹形成的原因

下雨之后，天空中悬浮着大量的小水珠，当有太阳光照射到这些小水珠上时，光线被分解成美丽的七色光。当彩虹的光进入我们的眼睛时，我们就会看到神奇的彩虹了。

蓝色水杯

当太阳光照射时，蓝色杯子会反射蓝光，吸收其他颜色的光，所以杯子呈现蓝色。

天上的彩云是怎么形成的

云是空气中的水蒸气液化后形成的，当太阳光穿过云层时，会发生光的色散现象，形成彩云。

街道的屏幕上鲜艳的色彩

户外LED（发光二极管）显示屏上绚丽的画面，就是由光的三原色混合而成的，不过随着科技不断发展，显示屏类型也多种多样，现在还有双基色（红、绿）LED显示屏呢。

汽车的颜色

相对于吸收一切颜色的黑，反射所有颜色的白色在夜晚会更为醒目，所以浅色的汽车会更安全。

黄色的灯光

在交通工具上我们常使用黄色的灯光。因为黄色的光穿透力较强，在转向灯和雾灯上使用黄灯还不容易与红色的尾灯混淆。

为什么停车信号灯用红色

光线通过空气时会发生散射，而波长较长的红光在空气中的散射现象较弱，穿透能力比较强，传得更远。特别是遇到雨天或大雾天气时，空气的透明度较低，这种作用就更加明显。

为什么投影仪幕布都是白色的？

白色能反射一切光，而其他颜色的布都会吸收除自身之外的光，如果用有颜色的幕布，幕布就会吸收一部分颜色的光，被吸收的颜色便不能表现出来，只有用白色幕布才能反映出各种颜色，人看到的图像才会更逼真。

红花

花儿为什么这么红？当太阳光照射到红花上时，它会反射红光，吸收其他颜色的光，因此呈现红色。

绿叶

绿叶为什么又是绿色？当太阳光照射到绿叶时，叶子反射绿光，把除绿光以外的其他颜色的光都吸收了，因此绿叶呈现绿色。

不可见的光线
遥控器好厉害，随便按一按就能控制电视。
那可都是光的功劳。
哪里有光？
就在这里，遥控器是用红外线传递信号的。
哈哈，指挥电视的可不是简单的红光，它是不可见光里的红外线。
红色的光好厉害呀，居然能指挥电视。
不可见光？彩虹里的七种光，第一个就是红光啊。
大家看得清清楚楚的，怎么能说它不可见呢？
当太阳光被分解成不同颜色的光时，把这些光按一定顺序排列起来，形成一条光带，这条光带就叫作光谱。
可见光
不过我们看到的只是其中可见光的部分。
光谱上红光以外是红外线，紫光以外是紫外线。
红外线是1800年被英国科学家赫歇尔发现的，又被叫作红外热辐射。
红外线和紫外线属于不可见光，也就是用我们肉眼看不见的光。
可是我能看见这个光呀。
你看到的只是指示灯，红外线是由发光二极管发射出来的。
电能
光能
红外线的穿透能力强，因此能进行遥控遥感。
原来如此。

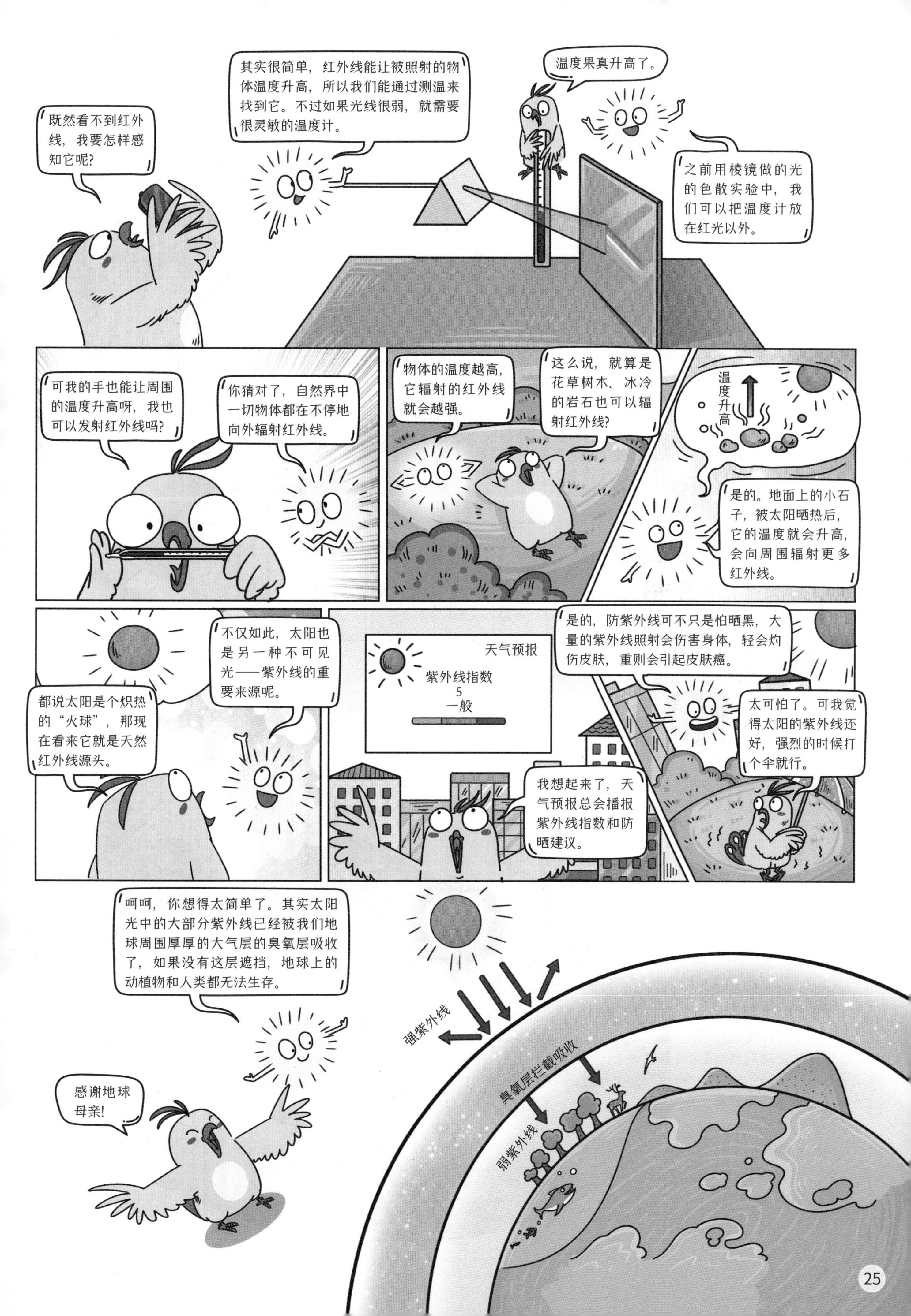
既然看不到红外线，我要怎样感知它呢？
其实很简单，红外线能让被照射的物体温度升高，所以我们能通过测温来找到它。不过如果光线很弱，就需要很灵敏的温度计。
温度果真升高了。
之前用棱镜做的光的色散实验中，我们可以把温度计放在红光以外。
可我的手也能让周围的温度升高呀，我也可以发射红外线吗？
你猜对了，自然界中一切物体都在不停地向外辐射红外线。
物体的温度越高，它辐射的红外线就会越强。
这么说，就算是花草树木、冰冷的岩石也可以辐射红外线？
温度升高
是的。地面上的小石子，被太阳晒热后，它的温度就会升高，会向周围辐射更多红外线。
都说太阳是个炽热的“火球”，那现在看来它就是天然红外线源头。
不仅如此，太阳也是另一种不可见光——紫外线的重要来源呢。
天气预报
紫外线指数
5
一般
我想起来了，天气预报总会播报紫外线指数和防晒建议。
是的，防紫外线可不只是怕晒黑，大量的紫外线照射会伤害身体，轻会灼伤皮肤，重则会引起皮肤癌。
太可怕了。可我觉得太阳的紫外线还好，强烈的时候打个伞就行。
呵呵，你想得太简单了。其实太阳光中的大部分紫外线已经被我们地球周围厚厚的大气层的臭氧层吸收了，如果没有这层遮挡，地球上的动植物和人类都无法生存。
感谢地球母亲！
强紫外线
臭氧层拦截吸收
弱紫外线

隐身的好帮手

病房用的紫外线消毒灯

紫外线可以杀死细菌，所以利用紫外线可以起到杀菌消毒的效果。

紫外线消毒灯看起来是淡蓝色的，但这并不是紫外线本身的颜色，是因为除了紫外线，灯还发出少量蓝光。

使用紫外线消毒灯时，必须先让无关人员撤离，操作者要穿防护级别较高的紫外线防护服，一切就绪后才能开始消毒。

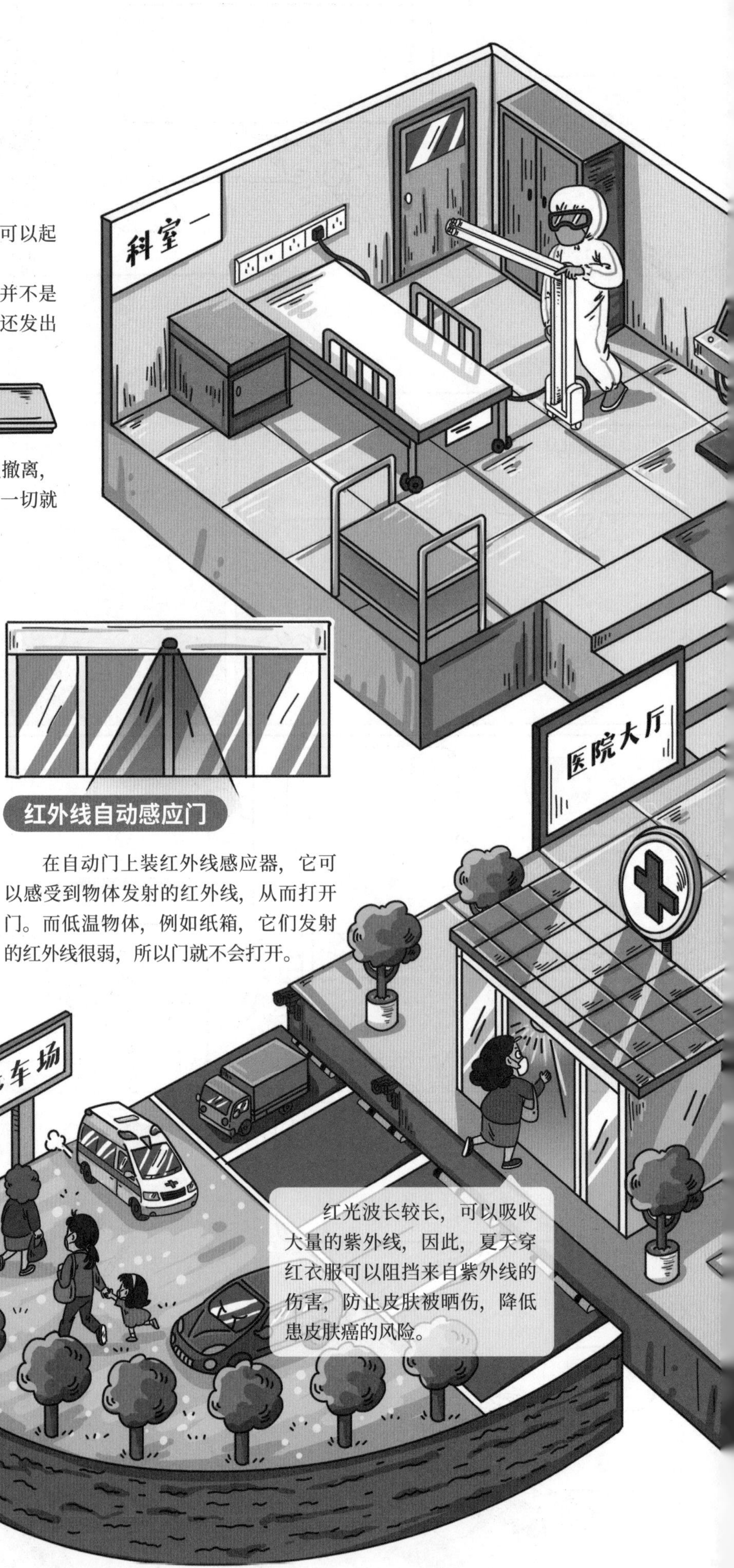

红外线自动感应门

在自动门上装红外线感应器，它可以感受到物体发射的红外线，从而打开门。而低温物体，例如纸箱，它们发射的红外线很弱，所以门就不会打开。

红外摄像头

工作原理是摄像头里面的红外灯发出红外线照射物体，红外线在空气中发生漫反射，反射回摄像头形成图像。即使在夜晚，摄像头也能清晰“看”到周围情况。

汽车红外图像

随着科技的发展，红外线被应用到汽车的夜视系统中，即红外热成像汽车夜视系统。系统通过探测物体表面辐射的红外线能量，可以在雨雾天气清晰地识别到前方行人，提高驾驶的安全性。

红光波长较长，可以吸收大量的紫外线，因此，夏天穿红衣服可以阻挡来自紫外线的伤害，防止皮肤被晒伤，降低患皮肤癌的风险。

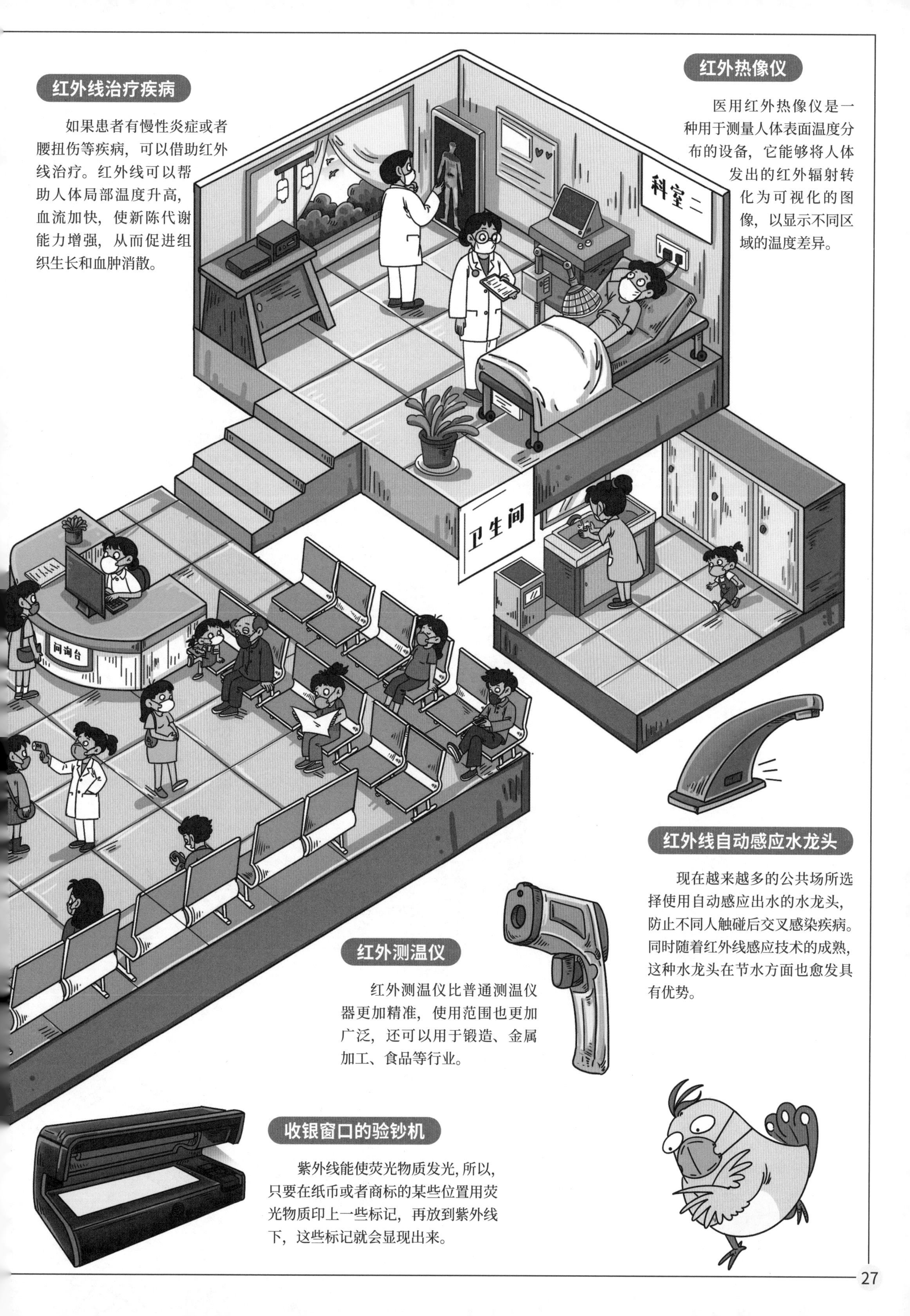

红外线治疗疾病

如果患者有慢性炎症或者腰扭伤等疾病，可以借助红外线治疗。红外线可以帮助人体局部温度升高，血流加快，使新陈代谢能力增强，从而促进组织生长和血肿消散。

红外热像仪

医用红外热像仪是一种用于测量人体表面温度分布的设备，它能够将人体发出的红外辐射转化为可视化的图像，以显示不同区域的温度差异。

红外线自动感应水龙头

现在越来越多的公共场所选择使用自动感应出水的水龙头，防止不同人触碰后交叉感染疾病。同时随着红外线感应技术的成熟，这种水龙头在节水方面也愈发具有优势。

红外测温仪

红外测温仪比普通测温仪器更加精准，使用范围也更加广泛，还可以用于锻造、金属加工、食品等行业。

收银窗口的验钞机

紫外线能使荧光物质发光，所以，只要在纸币或者商标的某些位置用荧光物质印上一些标记，再放到紫外线下，这些标记就会显现出来。

声

你喜欢音乐吗？那是关于声音的艺术。声音有大有小，有高有低，还有各种各样不同的音色。有些声音令我们陶醉，有些声音却令我们厌烦，甚至有些声音是我们听不到的。声音是如何产生的？它的本质又是什么？它有哪些好玩的现象？这些问题都能在下面的故事中找到答案。

我们的新朋友——声

呼——
呼——
嘀!
什么东西?吓死我了!
不好意思,打扰你了。
我不是说你,可能是卡车的喇叭声……你是谁?
我就是声,是能量的一种形式。
我只知道声是可以听到的,没想到还是能量啊。
能量不应该是那种热啊、电啊、光啊之类的东西吗?
吼!!!
你有没有在电影院里看过电影?当电影的音量很大时,座椅都会跟着一起震动,对吧?
声的能量也很强大哟,你甚至可以感觉到。
这么说来确实是。

嘭!
巨大的声音，其能量也是很强大的。
嘭!
这么一想，我刚才是被巨大的能量惊醒了啊。
那声是怎么产生的呢?
哈，这个问题其实很简单。你用手摸着喉咙，说话看看。
啊——
对！声音就是来自物体的振动。
哦！我感到喉咙在振动!
仔细观察，你可以发现生活中有很多表现声音来自振动的例子。
嘣——
用手拨动皮筋，可以看到皮筋振动，听到“嘣”的声音。
蟋蟀通过摩擦翅来发出响亮的声音。
咚!
咚!
哦，对于音乐来说，准确地停止声音也很重要啊。
看乐队演奏的时候，有时你会见到鼓手用手摸住镲吧。那就是在停止镲的振动，可以让镲的声音立刻停止。
总的来说，控制了振动，就控制了声音，我们甚至可以复制和再现声音。
那是怎么回事?
真是太厉害了。
人们用各式各样的设备，把声音振动的模式记录下来，再用某种方式重现这种振动，这样就完成声音的复制和再现啦。所以只要有记录，我们就可以再现百年之前的声音呢。
因为声音的本质是振动，如果我们可以完美地再现这种振动，就会发出和原本振动物体一样的声音。
没想到午觉没睡成，却知道了这么多有趣的事。
哈哈，你要觉得有意思，以后我还可以告诉你更多关于声的事。

把振动传递下去——声的传播
你在看什么?
一部科幻电影。
为什么他们不说话，要打手势呢?
因为他们的无线电设备坏了，互相听不到对方的声音。
站得这么近都听不到吗? 喊得大声一些就可以吧。
多大的声音也没有用，因为太空中没有用来传声的介质。
那是什么?
是传播声音所需要的物质。我来告诉你声音是如何传播的吧。
找到啦!
就用这个闹钟给你演示一下声音的传播吧，你还记得什么是声吗?
记得，是由物体的振动产生的，这个闹钟的铃就在振动。
现在，我把这个闹钟放到这个玻璃罩中，你还能听到铃声吧。
能，只是声音变小了一些。
现在我把这个罩子中的空气抽走……
啊，声音消失了!这是为什么呢?
声音是由振动产生的，传播也需要振动，所以就需要可以振动的物体。闹钟本来振动了空气，所以我们能听到声音。
当我们抽走了空气，没有可振动的物质，当然就听不到声音了。这种传播声音振动的物质叫介质。
哦，因为空气不易察觉，我忘了它的存在了。

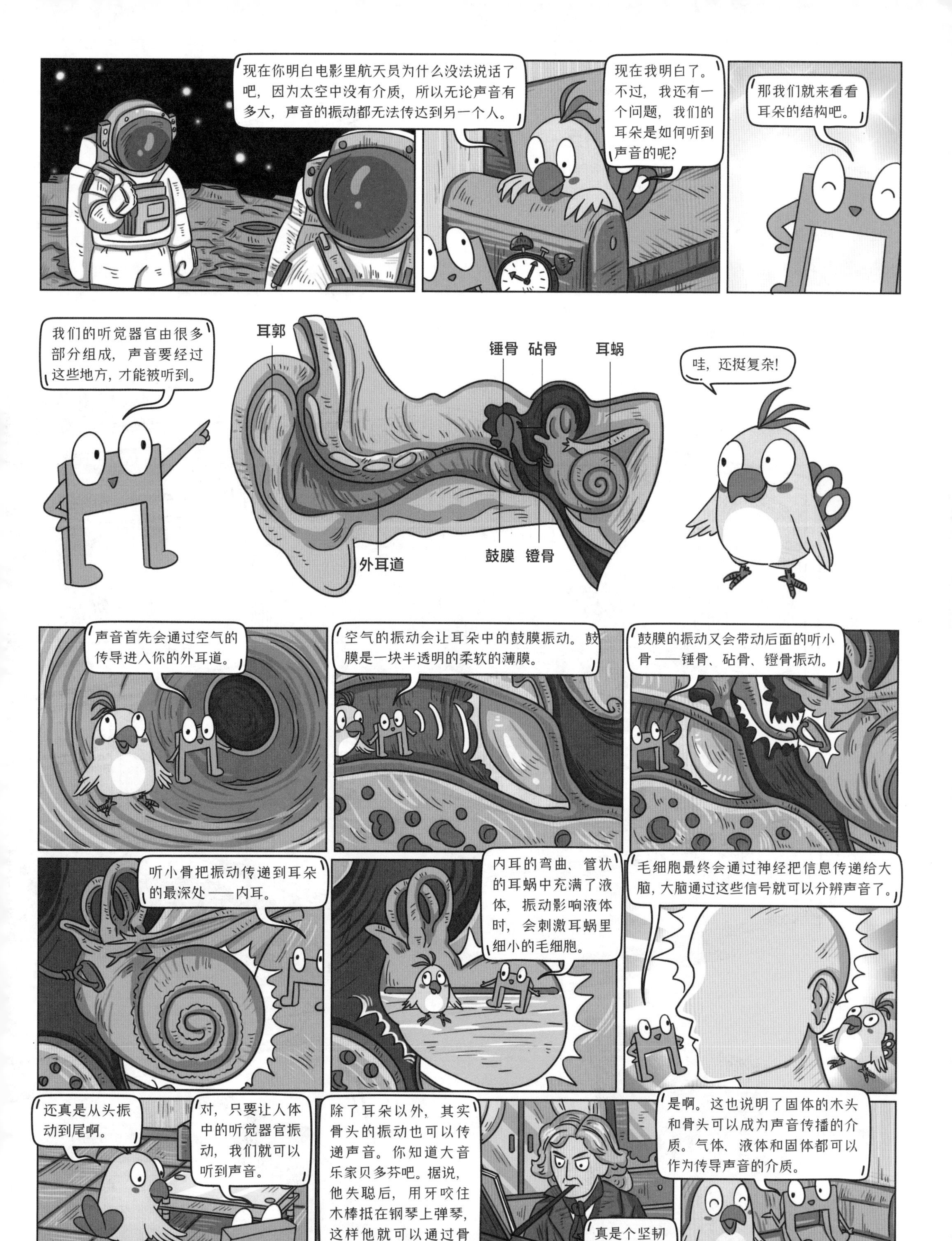

现在你明白电影里航天员为什么没法说话了吧，因为太空中没有介质，所以无论声音有多大，声音的振动都无法传达到另一个人。
现在我明白了。不过，我还有一个问题，我们的耳朵是如何听到声音的呢?
那我们就来看看耳朵的结构吧。
我们的听觉器官由很多部分组成，声音要经过这些地方，才能被听到。
耳郭
锤骨
砧骨
耳蜗
外耳道
鼓膜
镫骨
哇，还挺复杂!
声音首先会通过空气的传导进入你的外耳道。
空气的振动会让耳朵中的鼓膜振动。鼓膜是一块半透明的柔软的薄膜。
鼓膜的振动又会带动后面的听小骨——锤骨、砧骨、镫骨振动。
听小骨把振动传递到耳朵的最深处——内耳。
内耳的弯曲、管状的耳蜗中充满了液体，振动影响液体时，会刺激耳蜗里细小的毛细胞。
毛细胞最终会通过神经把信息传递给大脑，大脑通过这些信号就可以分辨声音了。
还真是从头振动到尾啊。
对，只要让人体中的听觉器官振动，我们就可以听到声音。
除了耳朵以外，其实骨头的振动也可以传递声音。你知道大音乐家贝多芬吧。据说，他失聪后，用牙咬住木棒抵在钢琴上弹琴，这样他就可以通过骨头的振动听到声音。
真是个坚韧不拔的人。
是啊。这也说明了固体的木头和骨头可以成为声音传播的介质。气体、液体和固体都可以作为传导声音的介质。
幸好这么多物体都可以作为声音传播的介质，我才能清晰地听到声音。

美妙悦耳的艺术之声

声音是我们感知世界的重要组成部分之一，了解声音的产生和传播方式可以帮助我们更有效地控制和利用声音。音乐是声音的艺术，你知道音乐家是如何让乐器发出动人的声音的吗？为了让观众能在音乐厅里享受美妙的音乐，音乐厅又有哪些有趣的设计呢？让我们一起去看看吧。

用嘴发声的号

声音嘹亮的号是如何发声的呢？乐手将号嘴抵在嘴唇上吹气时会发出“噗噗”的声音。这种声音经过金属管制成的号被扩大，号就发出了嘹亮的声音。

声音的传播和吸收

声音需要物质来传播，而有些物质还会吸收声音。因为这些物质并不善于振动，当声音的振动传达到这些物质时，振动就会减弱、消失，声音就这样被吸收掉了。

我们在一些剧场会看到厚重的幕布，它们不仅可以挡住后台的工作人员，还可以吸收声音，让后台的声音不至于影响演出。

木质的共鸣箱会把声音的振动放大，让我们更清晰地听到声音。

弦鸣乐器发声

小提琴、中提琴、大提琴都属于弦鸣乐器，因为它们都依靠琴弦来发声。当乐手用琴弓在琴弦上拉动时，琴弓会摩擦琴弦，使琴弦振动，发出声音。

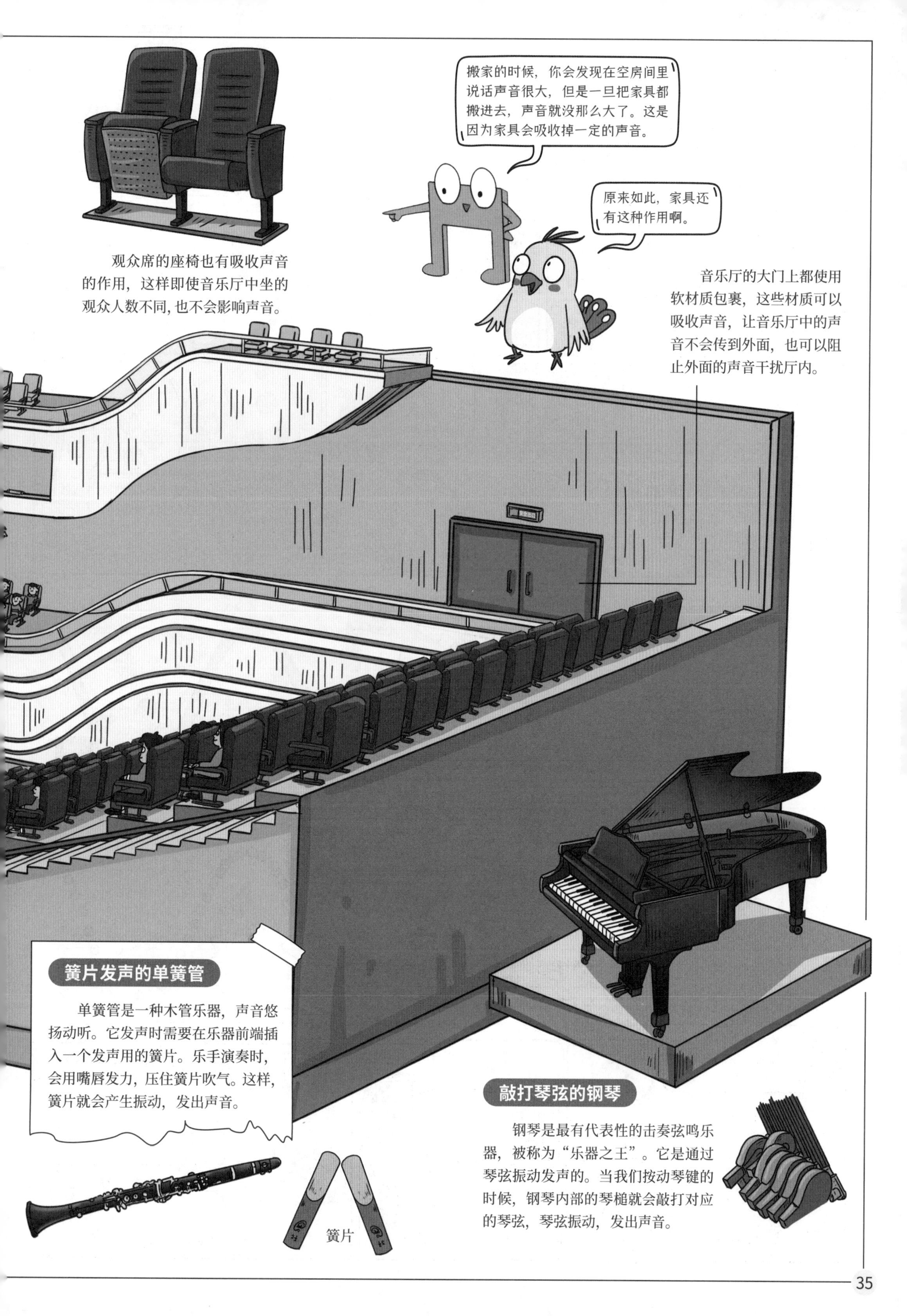

观众席的座椅也有吸收声音的作用，这样即使音乐厅中坐的观众人数不同，也不会影响声音。

音乐厅的大门上都使用软材质包裹，这些材质可以吸收声音，让音乐厅中的声音不会传到外面，也可以阻止外面的声音干扰厅内。

簧片发声的单簧管

单簧管是一种木管乐器，声音悠扬动听。它发声时需要在乐器前端插入一个发声用的簧片。乐手演奏时，会用嘴唇发力，压住簧片吹气。这样，簧片就会产生振动，发出声音。

敲打琴弦的钢琴

钢琴是最有代表性的击奏弦鸣乐器，被称为“乐器之王”。它是通过琴弦振动发声的。当我们按动琴键的时候，钢琴内部的琴槌就会敲打对应的琴弦，琴弦振动，发出声音。

像波浪一样的声
嘀
你敲这音叉好一阵了，很喜欢这个声音吗？
我想好好弄明白你说的声是怎么传播的，但是又看不到，正在想办法。
声传播时的振动确实很难看到，不过有表现起来很像声的东西可以帮助你理解。
哦？是什么？
水波。这也是为什么声引起的振动叫作声波。
其实声波很像这个弹簧玩具。
声的振动传播时，有的地方先被挤压，然后又松开，看起来就像一种波传了出去。
在空气中，声波的传播就像这样。
现在我们把声当成波浪，就像这样高高低低。
在这样的波里，这个最高点叫波峰。
波当中最低的地方叫波谷。
波峰就相当于压缩弹簧紧密的地方，是介质粒子最密集的地方。
波谷就相当于弹簧最伸展的地方，是介质粒子最稀疏的区域。
你看，当声传播时，就像这水中的波纹一样，向远方传出去。
哈，这样确实好理解。
波还可以帮你理解声的一些现象。
什么现象？
比如音量的大小。
音量的大小与振幅有关，振幅就像波浪的大小，越大的浪能量越大，音量就越大。
浪太大啦，小船都要翻了。

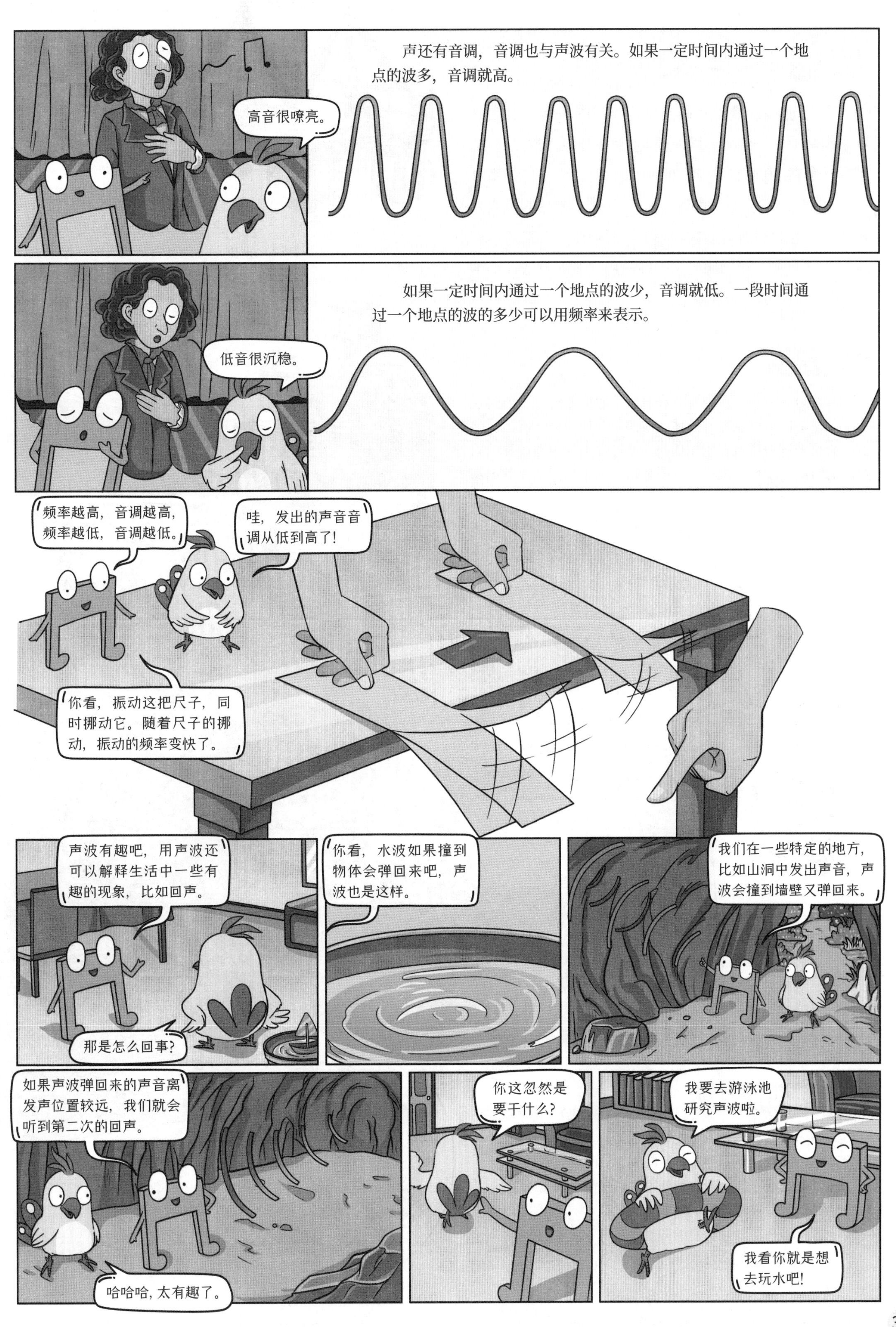
声还有音调，音调也与声波有关。如果一定时间内通过一个地点的波多，音调就高。
高音很嘹亮。
如果一定时间内通过一个地点的波少，音调就低。一段时间通过一个地点的波的多少可以用频率来表示。
低音很沉稳。
频率越高，音调越高，频率越低，音调越低。
哇，发出的声音音调从低到高了！
你看，振动这把尺子，同时挪动它。随着尺子的挪动，振动的频率变快了。
声波有趣吧，用声波还可以解释生活中一些有趣的现象，比如回声。
那是怎么回事？
你看，水波如果撞到物体会弹回来吧，声波也是这样。
我们在一些特定的地方，比如山洞中发出声音，声波会撞到墙壁又弹回来。
如果声波弹回来的声音离发声位置较远，我们就会听到第二次的回声。
哈哈哈，太有趣了。
你这忽然是要干什么？
我要去游泳池研究声波啦。
我看你就是想去玩水吧！

功能多样的声波

你知道吗？其实我们人类能听到的声音只是自然界中声音中的一部分。声波是有频率的，人类能听到的频率一般在 20 赫兹到 20000 赫兹之间。我们称频率低于 20 赫兹的声波为次声波，高于 20000 赫兹的声波为超声波。因为声波可以在不同的介质中传播，又可以如波浪一样反弹，我们想出了很多应用声波的方法，其中的很多声波你都听不到呢。

超声波探伤

可以穿透物体的声波也常常用于对各种设备的检查中。超声波可以把振动传到钢材等物质中。技术人员通过回声的数据就可以知道这些材质中哪里出现了内部的损伤，从而排除隐患，确保安全。

声呐定位

声呐是一种利用声波导航和测绘的感应系统。主要用于水下测量。因为在水中，其他的波都不太好传播，但是声呐发出的声波则很适合在水中传播。通过发出声波再计算返回声波的时间，就可以准确测定出障碍物的距离，从而得出海底深度等数据。

传感器

传感器可以把一种信号转换为另一种信号，在声呐系统中，它可以把电信号转换成声波，再把回收的声波转化为电信号。

发出的声波

返回的声波

海中的鲸自己可以使用“声呐”来定位，就像潜艇一样。

潜艇的声呐

在没有窗户的潜艇中，艇员们是如何了解海底的情况，从而驾驶潜艇的呢？这时就要我们的声呐出场了，潜艇也是使用声呐探测来观察水下情况的。在潜艇的前端有一个主动声呐，可以发出声波探测。在潜艇的各处还布置着数个被动声呐，用来接收来自水中的声波信号。

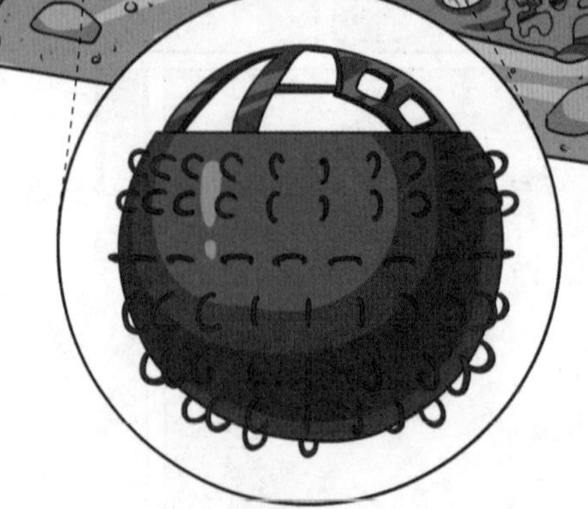

超声波检查

我们常说的“B 超”就是一种应用超声波的检查，它的全称是“B 型超声波检查”。它可以发射超声波脉冲到体内，再回收从体内器官上返回的回声。因为超声波很安全，我们会用它检查孕妇体内的胎儿。

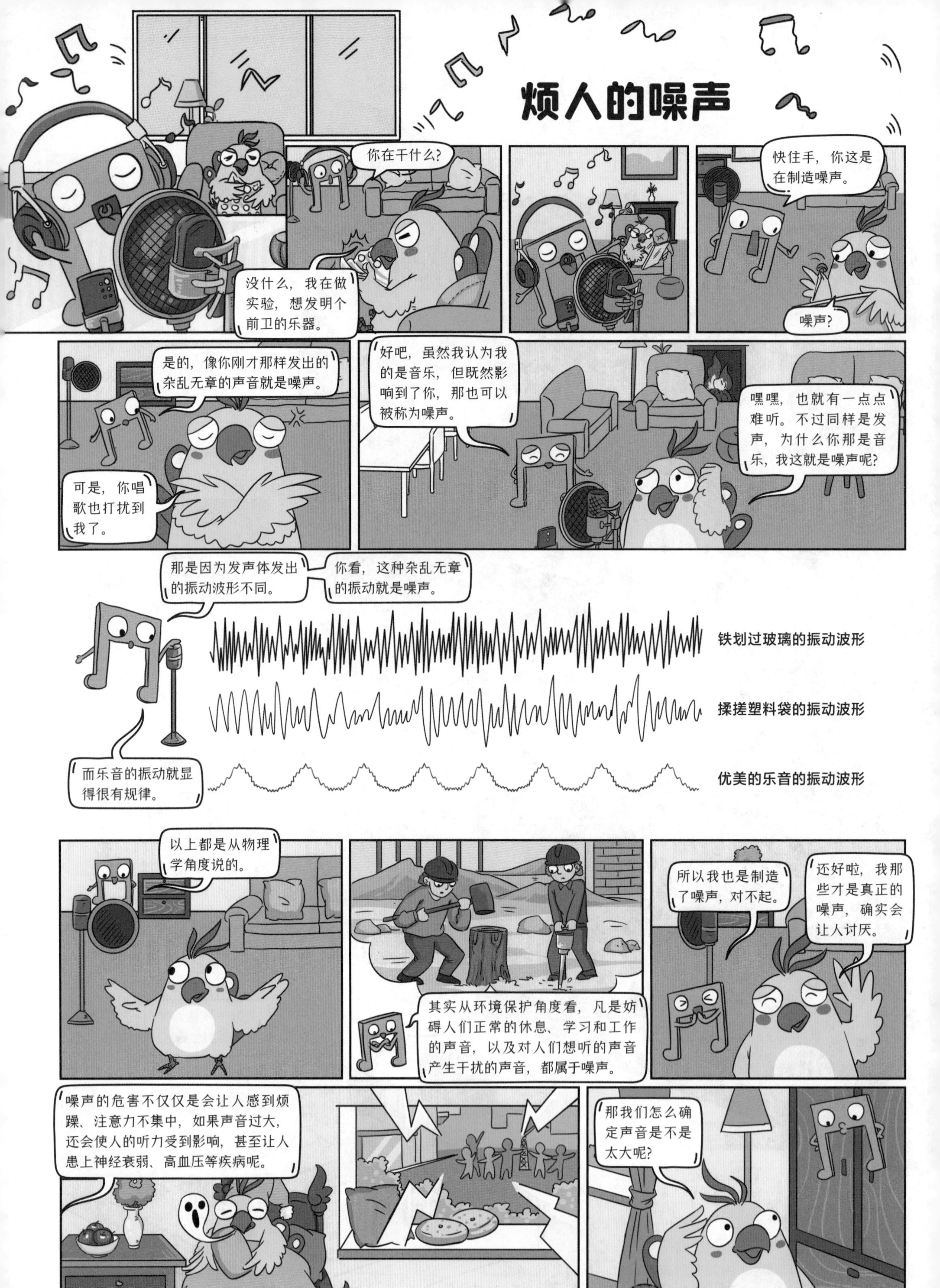

烦人的噪声
你在干什么？
没什么，我在做实验，想发明个前卫的乐器。
快住手，你这是在制造噪声。
噪声？
是的，像你刚才那样发出的杂乱无章的声音就是噪声。
可是，你唱歌也打扰到我了。
好吧，虽然我认为我的是音乐，但既然影响到了你，那也可以被称为噪声。
嘿嘿，也就有一点点难听。不过同样是发声，为什么你那是音乐，我这就是噪声呢？
那是因为发声体发出的振动波形不同。
你看，这种杂乱无章的振动就是噪声。
铁划过玻璃的振动波形
揉搓塑料袋的振动波形
而乐音的振动就显得很有规律。
优美的乐音的振动波形
以上都是从物理学角度说的。
其实从环境保护角度看，凡是妨碍人们正常的休息、学习和工作的声音，以及对人们想听的声音产生干扰的声音，都属于噪声。
所以我也是制造了噪声，对不起。
还好啦，我那些才是真正的噪声，确实会让人讨厌。
噪声的危害不仅仅是会让人感到烦躁、注意力不集中，如果声音过大，还会使人的听力受到影响，甚至让人患上神经衰弱、高血压等疾病呢。
那我们怎么确定声音是不是太大呢？

人们用分贝(dB)表示声音的强弱级别。人能听到的最微弱的声音是 1 dB；如果要保证工作和学习，声音就不能超过 70 dB；要保证休息和睡眠，声音不能超过 50 dB。

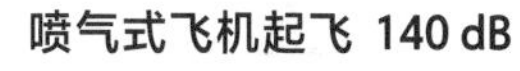

电锯工作 110 dB

嘈杂的马路 90 dB

正常说话 40 dB

如果闹铃一直响，我可以把它关掉。这是阻止噪声产生。

如果你一直唱歌影响我，那我可以去另外一个房间。这就是阻断噪声的传播。

如果没有地方可去，我可以塞耳塞。这是阻止噪声进入耳朵，减少对噪声的接收。

拒绝噪声危害

噪声污染是一种看不见的污染，虽然肉眼不可见，但它同样会影响我们的正常生活，甚至危害健康。现在，人们已经意识到噪声的危害，并想出了各种各样的方法避免产生噪声或减小噪声的影响。

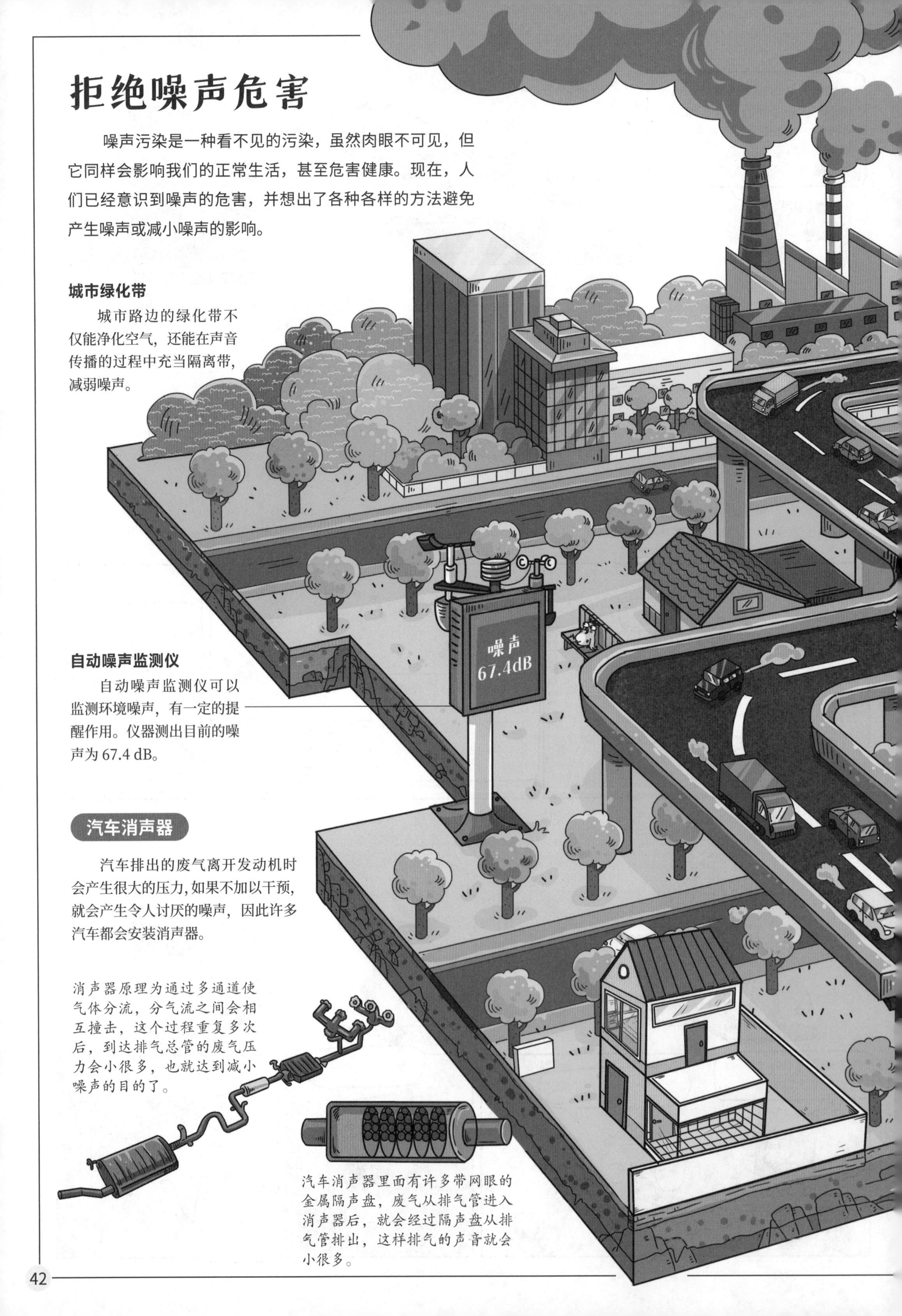

城市绿化带

城市路边的绿化带不仅能净化空气，还能在声音传播的过程中充当隔离带，减弱噪声。

自动噪声监测仪

自动噪声监测仪可以监测环境噪声，有一定的提醒作用。仪器测出目前的噪声为 67.4 dB。

汽车消声器

汽车排出的废气离开发动机时会产生很大的压力，如果不加以干预，就会产生令人讨厌的噪声，因此许多汽车都会安装消声器。

消声器原理为通过多通道使气体分流，分气流之间会相互撞击，这个过程重复多次后，到达排气总管的废气压力会小很多，也就达到减小噪声的目的了。

汽车消声器里面有许多带网眼的金属隔声盘，废气从排气管进入消声器后，就会经过隔声盘从排气管排出，这样排气的声音就会小很多。

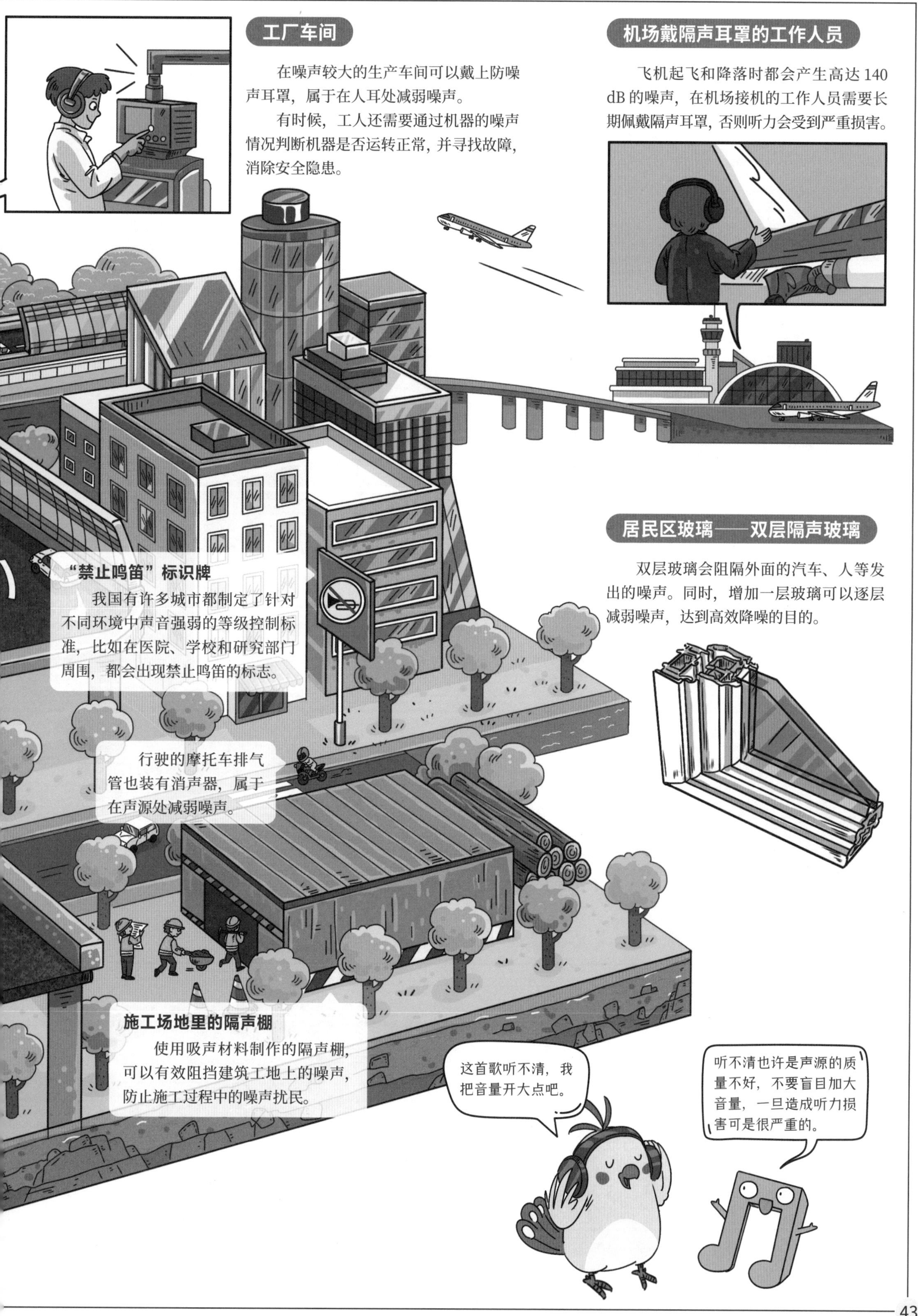
工厂车间
在噪声较大的生产车间可以戴上防噪声耳罩，属于在人耳处减弱噪声。
有时候，工人还需要通过机器的噪声情况判断机器是否运转正常，并寻找故障，消除安全隐患。
机场戴隔声耳罩的工作人员
飞机起飞和降落时都会产生高达 140 dB 的噪声，在机场接机的工作人员需要长期佩戴隔声耳罩，否则听力会受到严重损害。
居民区玻璃——双层隔声玻璃
双层玻璃会阻隔外面的汽车、人等发出的噪声。同时，增加一层玻璃可以逐层减弱噪声，达到高效降噪的目的。
“禁止鸣笛”标识牌
我国有许多城市都制定了针对不同环境中声音强弱的等级控制标准，比如在医院、学校和研究部门周围，都会出现禁止鸣笛的标志。
行驶的摩托车排气管也装有消声器，属于在声源处减弱噪声。
施工场地里的隔声棚
使用吸声材料制作的隔声棚，可以有效阻挡建筑工地上的噪声，防止施工过程中的噪声扰民。
这首歌听不清，我把音量开大点吧。
听不清也许是声源的质量不好，不要盲目加大音量，一旦造成听力损害可是很严重的。